青春
缺了一堂
财商课

滚雪球女孩　著

天呐！**钱越花越多？！**

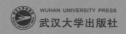

WUHAN UNIVERSITY PRESS
武汉大学出版社

图书在版编目（CIP）数据

青春：缺了一堂财商课/滚雪球女孩著. —武汉：武汉大学出版社,2020.1
ISBN 978-7-307-21280-0

I.青… Ⅱ.滚… Ⅲ.财务管理—通俗读物 Ⅳ.TS976.15-49

中国版本图书馆 CIP 数据核字(2019)第 257598 号

责任编辑:谢群英　　　责任校对:李孟潇　　　版式设计:韩闻锦

出版发行:**武汉大学出版社**　（430072　武昌　珞珈山）
　　　　　（电子邮箱：cbs22@ whu.edu.cn　网址：www.wdp.com.cn）
印刷:武汉精一佳印刷有限公司
开本:889×1194　　1/32　　印张:4　　字数:61 千字　　插页:2
版次:2020 年 1 月第 1 版　　　2020 年 1 月第 1 次印刷
ISBN 978-7-307-21280-0　　　定价:52. 00 元

序

    大家都知道智商和情商，在学校，智商高，学习轻松成绩就会好。踏入社会，情商高似乎更重要，左右逢源，事业会顺利。而把智商和情商综合起来，体现的，其实就是一个人的财商。

    财商是一个人认识、创造和管理财富的能力。都说钱不是万能的，但没有钱是万万不能的，所以在年轻的时候，在学校的时候，就有意识地培养自己的财富观，提升自己的财商，对自己的一生，都是非常重要的。

    2005年刚毕业的时候，由于工作原因我接触了股市，正好遇到大牛市，股票基本都翻番，十倍的大牛股也抓到过，以为自己就是人生赢家，不曾想漫漫熊市就在眼前，财富坐了过山车。而一心扎在股市，也就错过了房地产带来财富增值的机会。

导致这些的原因，归结在一起，就是没有全局观，财商不够。在学校，仅仅成绩好也是不够的，还要努力提升自己的情商，财商。而本书，对于即将踏入社会的学生来说，就是一堂优秀的预备课。

拿到本书，一口气就读完了，语言平实，内容也不复杂，作者用一个童话故事，通俗易懂，由浅入深地介绍了如何提升自己的财商，大道至简。

书中没有晦涩的经济学术语，也没有高深的经济学原理，一读就懂，但故事的背后，需要大家慢慢体会。

　　或者说随着你的人生经历不断丰富，不同时期都会有不同的理解吧，时不时拿来读下，细细品味，可能你会有更好的收获。

　　也希望这本书，成为你买的"最便宜"的一本书。

2019 年 8 月

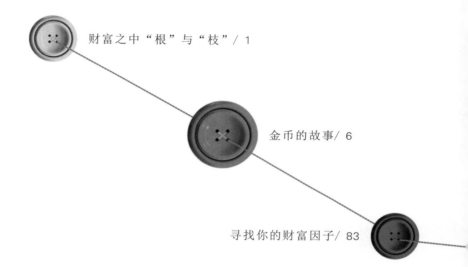

目 录
CONTENTS

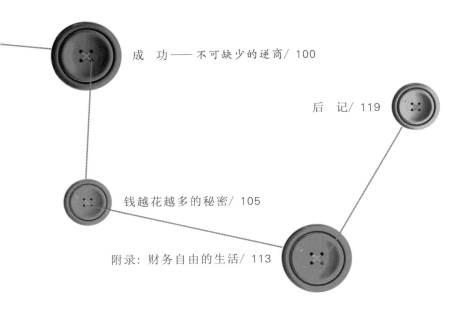

财富之中"根"与"枝"

一本用财商实现梦想的书。

"真正高财商的人，梦想更容易实现，不是省吃俭用，而是快乐幸福地生活。"一个揭示财商真谛的故事。

2019 年的某个下午，故事就这样发生了⋯⋯

这里是第 101 期**财商**论坛，灯光突然暗了下来，全场学员静悄悄地，等待着今天的最后一堂课。"都说今天有个很特别的嘉宾，她是谁呢?"大家心里盘算着。

"欢迎：滚雪球女孩，夏松。投资人，年轻实现财务自由!

2008 年全球金融危机时，因在中国股市稳步盈利，CCTV2 特别采访播出。

2018年，她坚守价值投资的方式，在中国股市存活了15年，CCTV2再次专访播出。同年，她被CCTV2《投资者说》栏目，评选为'投资者说之最'。

为何她能年纪轻轻就实现了财务自由，为何有人说在中国股市很难盈利，她却可以？而且持续了15年？据说她现在的成绩，都源于她从小接触了好的财商教育，开启了她的财商智慧。那么，到底她是怎么做到的呢？下面欢迎滚雪球女孩，夏松来给大家分享……"

伴随着一个声音，一束强光直射到讲台上，滚雪球女孩走上了讲台，大家的眼神凝聚着。她开始讲话了：

"大家好，很高兴认识大家！感谢主持人的介绍，刚刚主持人提到了我的成长故事，特别是关于股票投资的经历，但，我们今天不谈这些。一方面，在股市上我的资历尚浅，距离成功的投资大师还有很长的路要走，同时，巴菲特等成功的投资大师，已很系统地谈到如何价值投资，他们更加专业。

另一方面，股票投资是一门艺术，除了一些熟悉的理念，还有一些个人属性、天赋，包括运气在内。

我个人并不建议，大家在不是特别熟悉和热爱的情况下，只是为了挣钱而去学习股票。单纯为了挣钱而做股票，通常都会以亏钱结束！原因，说来话长，这不是我们今天的重点。

今天，我更想和大家分享一下'树根'的内容，股票只是"树枝"，具有个人属性，枝可以变化万千，而根不变，根才是最有借鉴意义的，投资的根就是'财商'，大家掌握了'根'，就可以根据你们自己的特色，创造属于你们自己的财富之路！

说到财商，对很多80后来说并不陌生，但我发现很多朋友，学了财商后，多年过去，还是一样，生活并没有变化。

问为什么？他们说，每次都是学的时候感触很深，看完后，不知道从哪里开始，而且书中多是已经成功的故事，我们和书中主人翁的背景不同，所处环境不同，很难复制。所以，就不了了之。

因此，今天，我特别把这十几年已验证成功的财商思维，编辑进了童话故事中，把一些即使环境变了，背景不同了，仍有用的财商思维展现给大家。看完童话故事后，再和大家说说，我是如何应用这些财商思维的。

说到'财商思维'，为了更好地提升思维！大家切记每当童话中问题出现时，不要立马看下文，而是把自己代入童话中思考，犹如做数学题，若你直接看答案，是没有效果的！必须思考解题后，再对比答案，你才能真正开拓你的财商思维！这点非常重要，切记！

童话中给的答案，未必是最佳解题方法，或许，你能想出更佳的答案。欢迎在微博'滚雪球女孩'留言，把你的智慧分享给我们，让我们向你学习，期待你的超越！

接下来，就请大家，带上你的思考，和我们一起，在童话中探索财商。"

金币的故事

从前在美丽的皇宫里，住着三个非常有个性的皇太子。

大皇子，做事很严谨、一丝不苟，交给他的任务，他都能认认真真地完成，让人很放心。

二皇子，喜欢新鲜事物，对生活很热爱，时常喜欢耍些小聪明，玩些新花招，做事不喜欢按部就班，而是独特地完成任务。

小皇子，喜欢思考，爱观察周围的世界，喜欢品味生活，交给他的任务，常常先思考再行动。让人也很放心。

皇帝对三个皇子都宠爱有加，三个皇子也很优秀，一直努力奋斗，交给他们的每一项任务都会认真完成。

随着三个皇子一天天长大，皇帝的烦恼也来了，他到底要把皇位交给谁呢？

皇帝希望让整个王国更富裕，人们生活更幸福，但是三个皇子都在皇宫长大，他们吃、喝、玩、乐都不用花钱，也从来没考虑过钱的事情，要如何考验他们打理财富的能力？

一天，一位大臣给皇帝出了一个主意：皇子们只有先具备让自己更富裕的能力，将来才能让整个王国的臣民都富裕起来。不如给他们一笔资金，让他们出宫闯闯！

皇帝听了后很是赞同，于是和财政大臣盘算了一下：一个臣民舒服地生活一年，费用大概是 5 万金币。

于是，皇帝决定给他们每位皇子 10 万金币，让他们分别选择去了不同的地方。一年后，看谁带回的金币最多？

大皇子思索着：要带回很多的金币，就要很省地花钱。我不住什么豪宅了，衣服只要有穿的，就不买新的；也不要娱乐了，平常除了吃饭，其他的钱我都不花。我还可以出去工作，这样我不仅可以少花钱，还可以挣到钱。嗯，**我要努力工作，并且最大限度地节省开支！**

于是他找了一份茶馆的工作，每月可以挣 5000 金币。每天按时上下班，努力工作，省吃俭用地过着。后来，茶馆老板看到他工作很卖力，就给他加了工钱，提高到每月 8000 金币。

他想："我其实不需要每餐都吃肉，我可以每天吃一餐肉，这样每天就又节省了 10 金币，一年下来可节省 3000 多金币……"他想着想着，就得意地笑了。

后来，他又想："我其实不需要每天都吃肉，每天吃蔬菜也行，这样我就可以每天节省 20 金币……哈哈，这样一年下来，就可以节省 6000 多金币……"他越想越开心，嘴巴都笑得合不拢。

有时，他会碰到很想吃的东西，但都强烈地压制自己的欲望，忍住不消费。后来，他干脆连蔬菜也不吃啦，每天啃馒头过日子……

每次买东西，不到迫不得已，一定不去买！

每次买一定是到了必须的时候，买也是买最便宜的。虽然，有时也会碰到物美价廉的，但更多的时候买的东西都不耐用，而且用着也不舒适。

你瞧——他脚上的这双鞋，鞋底都有了洞，脚底也磨了几个泡，可他还在穿！因为便宜，尽管那么不舒适，甚至十分难受，他还是坚持穿着，因为这样可以节省很多金币。

每次买东西，他都想尽办法讨价还价，能省一个金币就省一个！常常为了节省一两个金币，他都要逛好几家店讨价还价好久。每次只要能省下金币，能买下便宜的东西，日子虽苦，他都特别高兴，因为这样，可以节省更多一些的财富，未来，胜利就属于他了！

每天他都盘算着金币，在盘算中，他幸福地进入梦乡……

日子一天天过去，他再也没有往日的风采了。

一年以后，他带着他的金币，穿着打着补丁的衣服，回到了皇宫，他想，"这一年来，我既努力工作，又省吃俭用，老板还给我加了工资，我带回的钱一定是最多的！"他自信地走进宫殿，把带回的金币交给财政大臣清点……

二皇子出宫后，凭着他的小聪明，他找到了一份收入可观的工作，每月 1.5 万金币。他帮人谈生意、出谋划策，每次成交后，老板还会按生意的大小，额外付给他一些金币作为奖励。每月算下来他通常会有 2 万多金币。

一天，在回家的路上，他看到一个卖糖葫芦的店铺，特别想吃糖葫芦，但他想："我要当皇帝，就要省钱，我要控制自己的开支，不能买！"

可是，每次工作回家，路过卖糖葫芦的，他都忍不住地想吃。

这种想吃的劲儿一天比一天强烈，晚上做梦时他也会梦到……终于，他忍不住了！他想："其实糖葫芦也花不了几个钱，买一个还不到一个金币呢，我接下来的日子，只要努力工作，多谈几个大客户，就可多挣些金币了。我就买一个吧！这一年其他什么好吃的、好玩的，我都不去开销！而且我的收入这么高，一年后，我带回的金币肯定是最多的！"于是，他决定买一个……

第二天下班后，他就到市场里，逛了好几家冰糖葫芦店，相互比较价格，还和老板讨价还价，最后，他以最划算的价格买了一个。他一边吃着糖葫芦，一边为自己讨价还价的能力沾沾自喜，暗自想："哈哈，我的讨价还价的技术真是一流的！看我买的糖葫芦，又便宜又好吃。真是太棒了！"

不久街上开始放映"木偶戏"，很多人都说好看，喜欢新鲜东西的他也有些忍不住了，但他还是克制住自己，对自己说："我要忍住、要节省开支，上次吃糖葫芦时，向自己保证：这一年内，不再进行其他额外消费了。我一定要忍住！"

可是，他的脑袋似乎就要跟他作对一样。他越是不愿想，脑海里就越是浮现出木偶剧的宣传画面，这种欲望比之前想吃糖葫芦还要强烈。他越是不想听，却越是听到别人对木偶戏的议论……终于，他克制不住了，决定再消费一次！

不过他挺聪明的，等着人少的时候才去，以最优惠的价格看了一场。

后来，类似的事情一再发生，**虽然知道要省钱，但是每次都忍不住，每次都想，就一次嘛，花不了什么钱，不过，每次都挺聪明的，知道比价格，知道怎么选择好的商品，还知道如何跟老板讨价还价。他工作表现也很**

出色，受到老板的重用。

一年后，他带着他的金币回到皇宫，他想他这么聪明，肯定挣到的钱最多！虽然他也花了一些，但比带出宫的金币还多了许多呢。有谁比他更天才，既玩了、又吃了、还挣了。胜利肯定是他的呢！

二皇子自信满满地走进了宫殿，把金币交给财政大臣清点。

大皇子和二皇子都来到了宫殿。

这时，财政大臣也把两位皇子带回的金币清算完，高兴地走到皇帝面前，说："恭喜皇帝陛下，两位皇子非常优秀！带回来的金币都比之前带出宫的多很多。"

"哦……? 好！多少个?"皇帝听了，摸摸自己的胡须，喜出望外地问道。

"大皇子，一共 188,150 金币！二皇子，一共 187,898 金币！"财政大臣高兴地报道。

"那这么说来，目前大皇子比较多?"皇帝又摸了摸胡须问道。

"是的，大皇子比二皇子多 252 金币。"财政大臣回答道。

大皇子脸上露出了欣慰的满足感：之前的努力总算是没白费，看来一切的付出都是值得的！

二皇子呢？心里，那叫一个揪心："什么?! 252！我要是没看那场戏，要是没买那件衣服，要是……"

"小皇子驾到——"这时，小皇子也回来了。

小皇子穿着一身崭新的衣服，走进了宫殿，身后还有好几个大包、小包的行李。这都是这一年来，买的衣物和收藏品，还有一些给大家带的礼物。

二皇子见到小皇子也跟自己一样，消费了一大堆，准确地说是比自己消费得还多！心里顿时感到安慰，笑道说："三弟，平常你就是一个考虑最周到的人。谢谢你的礼物，我们非常喜欢。不过，你估计花了不少的钱吧！不过看样子，你估计跟我一样……这次赢家应该是大哥了！"。

大皇子忙谦虚道："三弟，感谢你买的礼物。我只想着要把钱攒下来，成为钱最多的人，却忘了给你们买礼物。等我这次赢了，拿了奖赏，一定补偿给你们！不过，父皇给我们布置的任务是：一年后，看谁带回的金币最多,你这样大包小包的花钱,也太不应该了吧?你看,我去年出宫时穿的衣服现在还在穿着呢!"

"⋯⋯"小皇子刚想开口说话,财政大臣算好账进来了。

"报告皇帝陛下,小皇子带回的金币已大概统计出来了。"

"多少?"皇帝边欣赏礼物,边问道。

"超过 200 万金币⋯⋯"

"多少!? 200多万?!!"大家异口同声地问道。

"是的,皇帝陛下和皇子们,小皇子带回了 200 多万金币,具体数字还在统计中,就金币的数量来说,小皇子的最多,但不知小皇子是如何做到的?"财政大臣带有疑虑地问道。

平常,财政大臣就非常看好小皇子,觉得小皇子有思想有谋略,做事很稳重。但这次带回的金币这么多,怎么算都不可能。即使再怎么做生意，似乎也不可能一年之内挣这么多！真为他担心，希望他不要为了赢做了什么不该做的事情，财政大臣忐忑不安地想着。

大家也不可思议地你看看我，我看看你，都有了一丝疑虑。

皇帝倒是很有信心地摸了摸胡须，问道："小皇子，你是用什么方法，把钱变得这么多的？快跟大家说说——"

滚雪球女孩暂停了正在播放的童话，走上讲台："现在就让我们来想想，如果你是小皇子，你会怎么做呢？请大家在纸上写上你的答案。"

亲爱的读者朋友们，现在，也让我们思考一下，如果你是小皇子，你会用什么办法挣到这么多的金币？期待你的答案，期待超越故事的答案：

经过一段时间的思考后，大家陆续在纸上写出了自己的答案。

滚雪球女孩："现在大家就来说说，如果你是小皇子，会如何挣到 200 万金币呢？"

东泽："小皇子去买地皮、盖楼了，又是租又是卖的。10 万变 200 万，20 倍收益。"

滚雪球女孩："为何买房一定会挣钱？中国这些年的房价是一直涨，那以前呢？你怎么能够确定，小皇子出宫后的那一年，房价一定是上涨的？"

东泽："这倒也是。"

海斌："肯定是买了贵州茅台和东方通信。"

"哈哈哈……"大家都笑了起来。

滚雪球女孩："海斌对股票已是痴迷哈，只是，童话里没有股票交易所，即使有，小皇子也没有炒股的经验，能不亏就是万幸，如何高盈利？"

恩彩："小皇子，善于观察，找到了好的项目，利用自己的关系网，做投资生意。"

滚雪球女孩："具体呢？什么项目？"

恩彩："我再想想……嗯，小皇子在宫中的时候就特别喜欢南充进贡的丝绸，对丝绸也有研究，对面料的舒适度、流行感，眼光都非常独特。公主们都喜欢找他一起出主意制衣服。走出皇宫后，小皇子去了一直想去的一个地方——丝绸之乡南充。到了那里以后，小皇子先是了解行情，然后选中一家品质最好，价格最优的合作商，进了一大批货品到京城，靠卖丝绸发财了。"

滚雪球女孩："嗯，用小皇子平常喜欢、了解的丝绸行业挣钱。大家还有别的思路吗？"

凡厉："一年历练时间太短。若是十年我会回答，小皇子在自己的能力圈内，提高确定性，挑选护城河很深的公司，这样收益会最大化，在出现安全边际时购买，再高价卖出，赚差价。"

滚雪球女孩："因为是童话，剧情在时间上，的确不会和现实中一样精确，一年只是一个形象的概念，我们这里主要还是讨论挣钱的思路，凡厉刚提到的能力圈、护城河、安全边际，我认为这都是很好的思路。

大家还想到哪些？都说来听听……"

睿懿："目测小皇子去讲故事，找到了天使投资。"

缥缈："他把金币换成了消费物资，通货膨胀后，又把消费物资换回了金币。"

小雨："文章提到了收藏，是不是投资古董了？"

茉："小皇子应该把钱拿到了钱庄，通过委托贷款将钱让给他人使用，到期收取本金利息，或者直接贴现……然后去游山玩水，最后又带着见识和财富归来。"

锦鲤："小皇子先花了半年时间周游列国，看似游手好闲，其实他一直在观察，看有没有什么好的项目可以赚钱。

他发现 A 国纺织业发达，但服装款式很简单，衣服都很便宜；B 国农业发达，但是生产的各种农产品，卖的价格很低。很多吃不完的谷物、水果都烂在了仓库或树上。C 国因土地贫乏、人们生活很困苦，但因擅长曲艺，心态乐观，所以苦中作乐。

小皇子从中看到商机：他将 A 国服装进行改良，分成生活用的服装和时装，行销各地，很受欢迎；他将 B 国的农产品做成特色小吃，这样各种产品再不愁销路；他鼓励 C 国的艺人走出去，去各国搭台表演，收取门票，小皇子帮他们想办法、扩销路，并从中提成。没有资金支持的商户，他将 10 万金币拿出部分入股，或提供贷款给他们。一年过去了，小皇子结交了很多好朋友，也赚得盆满钵满。"

滚雪球女孩："很好、很好，大家的思路都很开阔，也很出彩。接下来，我们就一起看看，童话中的小皇子是怎么做到的呢?"

小皇子说："父皇，我出宫后，坐在马车里，看着10万金币思索着，您给我们的考题：一年后，看谁带回的金币最多？

　　我想，宫外不像宫里，每天都会有生活开支，钱只会随着生活开支变得越来越少。

　　如果我找份工作努力挣钱的话，仅凭我个人的力量，再怎么挣，估计也挣不了多少。而且父皇把这个任务给我们，并作为我们的考题，其目的肯定不是在于："谁会找到一份高薪的工作，而是要看我们是否有驾驭金钱的能力。这样将来才有能力，驾驭一个王国金钱，使整个王国更富裕，臣民们生活更幸福。"

　　皇上听了后，点点头，表示赞同。

"所以，我想：我要把钱花出去，这样才有可能为我带来更多的钱，让钱生钱，让钱为我工作。

　　目标不能是为钱工作，而是让钱为我工作。我要成为金钱的主人，成为可以驾驭金钱的人！

　　所以，我在日记上写着：

我要成为金钱的主人，
成为可以驾驭金钱的人！

我要把钱"花"出去，这样才有可能为我带来更多的钱。如果，我不"花"出去，钱会静止不动，还会随着生活的开支不断减少。

接着，我开始预算我的钱，计划要怎么花？

　　我先按当时的情况，预算了半年的开支：如果要舒服地过，大概需要 2.5 万金币；如果按普通标准过，大概需要 1.8 万金币。

　　于是，我预留了 2.5 万金币，在我还没想好如何花这笔钱时，我先按照普通标准生活，其中多出来的 7000 金币，作为我的备用金，以备紧急情况下使用。

　　预留半年的目的是，当我还没学会怎么花可带来更多钱的时候，我必须为失败做准备。所以我预备了半年的生活支出，这样，即使我失败了，也有再次站起来的机会！

提前做预算，是驾驭金钱的一种方法。

　　预留半年的生活开支，这样即使碰到失败，还能重整旗鼓。

接着，我开始思考：要把钱花在哪些地方，才能带来更多的金币？

我想，我不能盲目"花"钱，要把钱花在自己最熟悉的领域！这样才能确保，带来更多的金币。

另外，我还要把钱花在有市场需求的地方，这样才能确保，我"花"得出去。

"花"在投资回报率最高的地方！

不能盲目"花"钱，要把钱"花"在自己最熟悉的领域，才可能带来更多的金币。

把钱"花"在有市场需求的地方。

我的优势在哪里？我熟悉的领域有哪些？针对我的优势和熟悉的领域，选出哪个项目最有竞争力、最有市场前景！

通过一段时间思考，我认为，我在皇宫生活了 20 多年，对皇宫大大小小的事情已经非常清楚，这也是我相对宫外的人而言最大的优势。从市场角度来看，宫外的人对皇宫一定非常好奇，这样，我就可以模拟皇宫的环境，开一家'皇宫酒店'，让每个进来的客户，都能亲身体验一次当皇帝、皇后、太子、公主的感受。

结合自己的优势，找到最能成功的项目。

即：相对市场，相对自己，最具有优势、最具有竞争力的项目，这样才能更快、更稳、更具有市场竞争力地去赢！

> 选定项目后，我还特别做了一些市场调研，为了进一步确保我的项目有市场前景。

结果发现，问到的每一个人，都对皇宫很感兴趣，尤其是一些生意人，他们说，现在该享受的都享受了，就是没体验过皇宫的生活，如果真的能有这样一家酒店，花多少钱他们都愿意尝试一下。

于是，我确定了目标客户群：生意人，即持有金币多的人。针对他们，可以获得更多的金币。

项目确定后，我并没有马上开始行动，因为我对酒店行业的运营一点都不清楚，我必须先学习，然后了解行业的规则，这样才能更稳妥地取得成功！

我找到了一家生意很好的酒店，开始从店小二做起。在做店小二的过程中，我不断发现和了解到这家酒店生意好的原因，并从中掌握了经营好酒店的经验之道。不仅如此，我还特别学到了他们与进货商讨价还价的门道和知识，深度熟悉了行业内的规则。

先向所选项目中，经营优秀的企业学习！

掌握项目经营成功的经营之道，熟悉所选项目的行业规则！

当我把一切都弄清楚了，我才开始花金币。

并且记得在做店小二学习酒店管理的过程中，我不仅没有花什么钱，还挣到了一些金币，从而进一步增加了我的金币数量。

在开始花钱时，我并没有马上投入所有的金币，开一家大的"皇宫酒店"，而是先从小酒店开始做起。当我的小店上了轨道，并且累积了更多经验之后，我才加大投入，开了一家大的"皇宫酒店"。

我先开始小规模投入，累积经验后，再花更多的金币！

因为，我的目标客户群是生意人，持有金币最多的人，所以不久，我的"皇宫酒店"就挣了一笔不菲的收入。

在这个过程中，我不断地总结和思索：**为什么挣钱就要挣富人的钱呢？**在皇宫的时候，我经常听到财政大臣们说，挣钱就要挣富人的钱。

那么为什么呢？

后来我遇到过一位僧人，他告诉我："其实，从人性角度来说，每个人的本性都是向善的，都是慷慨的。大家都很乐意把自己多的东西拿出来跟大家分享。

我们有时发现，提供了很好的服务给别人，却很难挣到他们的钱，不是因为他们吝啬，而是因为他们本身就缺钱，或者太需要钱，所以他们怎么容易把自己缺少的东西慷慨地给你呢？"

就像，我们找一个人陪我们去度假，这个人的空闲时间越多，陪我们度假的几率就越高。有时，当别人拒绝陪我们时，可能不是这个人不友好，而很可能是这个人本身就很忙，没有太多空闲时间。"

　　僧人的一席话，顿时让我大彻大悟，不仅让我在生意场上领悟了：为什么挣钱要挣富人的钱。后来在用人管理方面，我也受益匪浅！

　　比如说，我需要销售人员。我一定会找一个销售能力强并且热爱自己的职业的人做销售。一来他们的经验丰富，销售技巧强，二来人们都愿意在自己喜欢的领域里多下工夫。我不会找一个不会或不喜欢销售的人做营销，然后责怪或感叹，他们的销售业绩不高。因为他们这方面本来就缺乏，我学会了用人要用人的长处。

　　人各有所长，我要充分发挥人的长处，而这恰好就是僧人所说的。"每个人的本性都是向善的，都是慷慨的，大家都很乐意把自己多的东西拿出来跟大家分享。"正是出于这种本性，人自然愿意把他"慷慨"的能力展现出来。

　　这刚好也是我们"皇宫酒店"所需要的。当然，我也会给他们想要的回报。这些回报可能是金钱、也可能是赞美、也可能是荣誉，或者是快乐的团队，等等。总之我会结合员工的需求，分门别类地给他们最想要的，就像我们提供给顾客，他们最想要的服务一样。

所以，就像刚才所说的一样，我每选用一个人加入"皇宫酒店"的时候，我都会充分考虑他的优势是什么？他需要什么？我们能否达到双赢？

我从不吝啬给优秀员工高回报。因为我知道，他们会给我创造更多的财富和价值！

我也从来不用人的弱项，让他们做自己不喜欢的事情。

这样，整个团队的人，都实现了他们的价值体现，他们也通过对"皇宫酒店"的付出，得到了他们想要的回报。

我们看到，皇宫酒店的每位员工，都能在开开心心的氛围里，高效率地快乐地工作着。这种快乐的气氛也进一步感染到，每一位来到"皇宫酒店"的顾客。于是良性循环形成，一切变得越来越好。和气生财估计就是这个道理。

人的本性是慷慨的，只要你能满足他们的需求，他们也会愿意慷慨地，把他们的富有回报给你。

不仅如此，为了保持新鲜感，我每过一段时间，都会换一个主打主题，比如这个月主打的是：体验当"皇帝"，下个月就是主打体验当"皇后"。

　　我非常注重讲究服务的品质，虽然收费不菲，但深受大家的喜欢和推崇，生意也就越来越好。有时，这种服务常常要提前一两周才能预定到。

　　后来，随着收入的增加，手上的金币也越来越多，我又开了第二家，第三家……现在我已经有七家"皇宫酒店"了，这七家店的连锁经营，使我的收入成倍增长。我200多万金币就是这样赚到的。"

"连锁经营"可复制企业的利润，扩大企业的赢利。

听了小皇子的述说，皇上虽然对皇家生活的外露有点不满，但是对小皇子怎么应用自己最熟悉的优势，把握市场的需求、选择目标客户，怎样在挣钱的同时把自己的生活过得很舒适，还不忘亲情、友情，给大家带礼物深表认同，非常开心！

大皇子把刚才三弟说的整个思路，都记录了下来：

要成为金钱的主人，成为可以驾驭金钱的人！

要把钱花出去，才有可能为我带来更多的钱，如果，我不花，钱会静止不动，还会随着生活的开支不断减少。

1. 提前做预算，是驾驭金钱的一种方法。

2. 结合自己的优势和市场需求，思考要把钱花在哪个项目上是最具有竞争力的？

3. 确定项目后，还必须先做市场调查，确定项目的可行性和盈利前景。

4. 深度了解所从事的行业规则，积累经验后，再行动！

5. 开始花钱时，要从小经营开始。虽然小，但品质要优，有了经验后，再扩大经营。

6. 花钱雇人方面，要选择最优秀的员工！不吝啬给员工高回报，他们会带给公司更大的回报。

7. "连锁经营"可复制企业的利润，扩大企业的赢利。

二皇子听了三弟的讲述深表佩服，接着他问道："那你在生活上的开支，又是怎么驾驭的呢？我每次都控制不住自己的消费欲，我看你没怎么省钱，又是怎么做到钱花了，钱还没少呢？"

小皇子说："在宫外，我也在思索着到底该怎么花钱，才是最好的？一般来说，我们都会想到：节约用钱、讨价还价、买最便宜的东西……但这不足以考察我驾驭金钱的能力。"

我也被这个问题一直纠缠着，后来，我突然想到了用数学的方法来思考问题。因为我从小酷爱数学，我就画了这样一个坐标图：

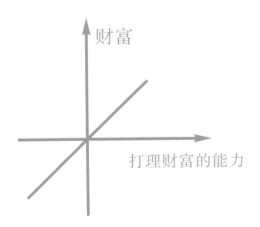

借用坐标图，我把驾驭金钱的能力，从零开始，分了以下几个等级：

0级"无钱一族"

这一级别的人，通常不知道怎么挣钱，"无钱"就谈不上驾驭金钱了。

我们通常看到的**乞丐**应该属于这一级别。

1级"败家一族"

这一级别的人，通常家里很有钱，养成了大手大脚的习惯，有多少钱就花多少，没了就借。更严重地，把家里的钱瞬间花光，还欠了一屁股债。

我们通常说的**"败家子"**应该属于这一级别。

2级"还债一族"

这一级别的人，非常喜欢花钱，常常处于负债阶段，没钱就借钱消费，每月刚领到的工钱，基本都用于还债了。最害怕没工作，因为一旦停止工作，债主就要找上门了……

这一级别的人，在金钱驾驭方面，比第一级别强：

他们借的钱，基本能在下次领工资时就可以还清，只是还清了，不久又没钱生活了，又需要借，属于"提前消费"型。

我们通常说的**"工作为了还债"**，就是这个级别了。

3级"月光一族"

这一级别的人也喜欢花钱，不过，基本不会借钱消费，属于"量入而出"型，有多少花多少，每个月的收入基本花光。

我们通常说的**"月光族"**应该是这一级别了。

4级"意识一族"

这一级别的人，通常已有存款，也能控制购买欲，知道应该如何合理地花钱、存钱，但有时候会难以控制自己。

这类人，买东西的时候，会货比三家，会讨价还价，会有些存款，但不多。

这类人，在我们生活中，已经有了驾驭金钱的意识，属于**"有意识"**一族。

5 级 "守财一族"

这一级别的人已经有了驾驭自己的能力，不冲动消费，不买新上市的产品，除了必要的生活开支，基本不购买其他商品，生活节俭，能控制自己的购买欲，把钱存下来。

我们通常说**"能守住钱"**的人应该属于这一级别了。

6 级 "会花一族"

会花？何为会花呢？不是指那些很会买东西，把钱都花了的人，而是指那些既能守住钱，又能在守住钱的同时，还能让生活过得很好的人。这类人堪称"会花钱"一族。

比如，他们懂得：500 金币买的衣服穿 12 次，相对 100 金币买的衣服穿 2 次，500 金币买的衣服更便宜！

500 金币买的衣服穿 12 次,

VS

100 金币买的衣服穿 2 次,

结果: 500 金币买的衣服更便宜!

他们认为商品的**真正价格**是：购买价除以它的使用次数后，计算出来的结果，而非买时的成交价。

他们会去买品质好的商品，尽管买的时候很贵，但他通过重复使用，从而降低了它的价格。不会去买虽然看似便宜、但品质不好的商品。因为一来降低了生活舒适度，二来使用率不高，反而更贵！

他们懂得珍惜商品，因为越珍惜，商品的使用寿命就会越长，从而增加了商品的最大使用次数，再次降低了商品的价格。

商品的真正价格 ＝成交价÷使用次数

此外，他们对于一次性的小额消费，有时尽管不一定划算，但是因为开心或者其他原因，他们也会偶尔地纵容自己一下。因为生活不需要整天活在算计钱的日子里，太累。短期的、少数几次小额消费不会影响什么。

　　但对于长期的、持久的消费，他们一定算得很清楚！比如房租、经常使用的生活用品等。

　　有时面对一些小额的讨价还价，他们似乎成为"最愚"的人，经常被认为是最不会讨价还价的人群，其实这就是所谓的大智若愚者：

　　他们知道，如果在小额的讨价还价上，耗太多的精力和时间，那么一来失去了休息的时间，**时间成本也是很重要的**。同时，也分散了他们的精力。**精力成本同样是很重要的！**一个人的精力通常是有限的，他们更愿意把精力集中放在更大的地方。不想让自己的生活纠结在小额的讨价还价上。他们崇尚更轻松、更快乐的生活。他们是崇尚高品质生活的一群人！

　　所以这类人通常属于生活过得舒适，又能存下钱，属于**"会花钱"**一族。

不把时间和精力花在小额的讨价还价上，因为"时间成本"、"精力成本"同样重要！

要把时间和精力花在大的财务问题上！

7 级 "价值一族"

这一级别堪称：已经到了花钱成仙的境界了！

在他们眼里：什么叫贵，什么叫便宜呢？完全不用商品的购买价格来计算，也不按第 6 级的"商品真正价格"来计算。

那按什么来计算呢？

"购买商品的回报率"

比如说，一个人买三本书：

第一本花了 20 金币。读完后，他把书中学到的知识用于实践，挣了 100 金币。

第二本书比较贵，买时花了 100 金币。但是读完后受益匪浅，他把书中的知识用于实践，挣了 10,000 金币。

第三本书，他买时花了 50 金币，不过，没读完就扔到一边了，也没把书中内容用于实践。

那么对于他而言，哪本书最便宜？哪本书最贵呢？显然，100 金币买的书最便宜，50 金币买的书最贵。

所以，**取决于一个商品是贵还是便宜，不光是由商品购买的价来计算的，还要看它被购买后，给购买者带来的回报率是多少？回报率越低的商品越贵！**

一个商品是贵还是便宜？

取决于它购买后，给购买者带来的回报率——回报率越低的商品越贵！

这一级别的人，他们在用钱上，堪称最会花钱，花钱最大手大脚，钱越花钱越多的一族。他们不太在乎如何讨价还价，不太控制自己的购物欲望，不太在乎卖家是否挣自己太多？不太在乎商品的价格是否太高？他们只在乎，能否带回价值？他们在乎的是：他们消费后的回报率！

比如一个健康食物，吃了可以带来多少健康？一个垃圾食物再便宜，他们也不买。这类人不仅仅把视野盯在狭义的金币上，更把视野盯在更广义的财富上，拥有财富的人，才是最幸福、最富有的！

当然，想达到这一级别：要把钱用到如此灵活，又能增加更多的财富，一定要先经历过、学会前面几个级别的技巧才行，否则想马上跳跃到第七级，很有可能像武侠小说里的人一样，功底没打好，就走火入魔了。"

小皇子边说，边给大家在纸上展现了 0~7 个级别的坐标图：

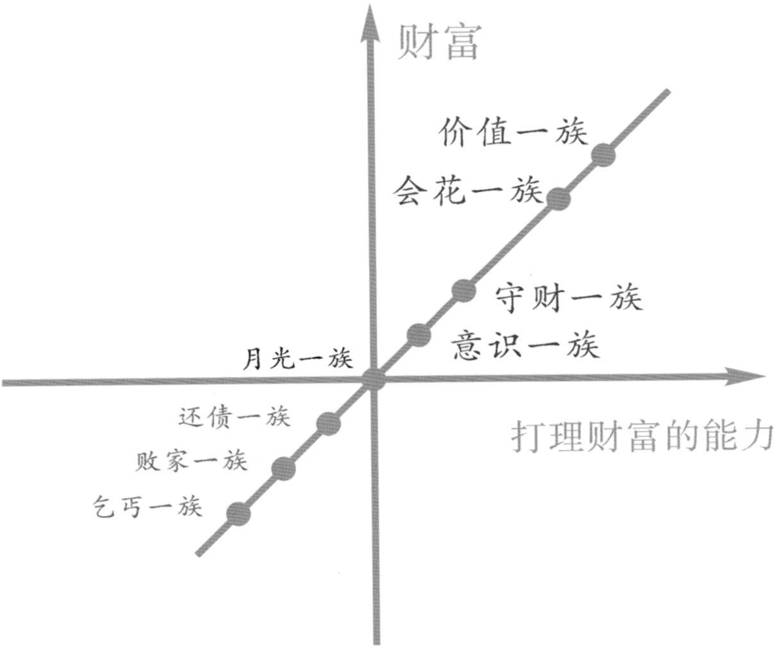

财富

价值一族

会花一族

守财一族

意识一族

月光一族

还债一族

败家一族

乞丐一族

打理财富的能力

小皇子接着说："我的成功还取决于，我后来有幸碰到一位对我很重要的人。当时我的'皇宫酒店'刚刚开始营业，**规模不大，费用问题是我必须面对的。**

我到底是要用工资低经验不够的人，还是要用工资高能力强的人？有没有可能找到既工资低又能力强的人呢？

带着这个问题，**我找到了当地的最有名的生意咨询顾问。**

他每小时收费 10,000 金币，算是普通臣民一个多月的收入呢，也是当地最贵的顾问。我起初还有点迟疑，这么高的价格划算吗？

后来我想：与其在实际经营中选择错误，还不如先花金币买智慧，因为在经营中犯错会使我损失掉更多的金币。

后来，证明这次的花费是值得的！

咨询顾问说："**很多做买卖的人都希望请的人既能力强、又工资低**，但你觉得"想马儿好，又不想马儿多吃草"，这种做法切合实际吗？"

我迷惑不解地望着他。

他继续说："如果真的碰到这种人，多半有三种可能：

1. 可能他想先向企业展现出他的价值，受到认同后，再提出薪酬申请。

2. 他是来做"慈善"或是友情帮忙的。

3. 可能有私人目的——这对于一个企业的发展来说

就危险了！"

我更意外地看着他，觉得这次钱没白花，我全神贯注地听着他继续往下说：

"如果一个员工都不知道怎么给自己的劳动成果创造利润，谈何帮一个企业创造利润？你们需要一个不会为企业创造利润的人吗？

谁愿意把自己精心生产设计出来的商品，一直廉价地卖给客户呢？同样你的员工又怎么愿意把自己精心工作的成果，一直廉价地卖给公司呢？

做企业不是做慈善机构，同样，员工在企业工作也不是做义工。企业的价值需要被认可，员工的价值同样需要被认可！"

我认真地盯着他，脑海里一遍遍回顾着他刚才说的话：

企业的价值需要被认可，
员工的价值同样需要被认可！

"那么到底是要用工资低经验不足的员工，还是要用工资高能力强的员工呢?

求职的人, 通常也有三种类型:

第一类,属于能力强的求职者。他们对于公司的工作易于上手,甚至能够在短期内为公司创造效益。但这类人通常对薪酬期望值很高。

第二类属于普通型的求职者。做事平平,要价不高,时常需要进行一些培训,才能创造更多的价值。

第三类属于完全新手型。这类人群,通常要价最低,只要有份工作,他们就很满意啦。

对于我们大多数人来说可能会选择第二类或第三类。因为这两类人，通常比较好管理，能压得住。从支出成本来说，看似比较低、比较划算，生意的风险看似比较低。

然而，真的这样吗？真的低吗?! 他们忘了时间成本，忘了精力成本，忘了回报率问题。"

"回报率?"我想到了消费等级中的"价值一族"。

"是的，回报率。**越优秀的员工越便宜，越便宜的员工越贵，为什么呢?**"

1. 先从回报率角度说

（1）我们看似支出了一笔很大的工资费用给他们，而实际呢？他们之所以**要价高，是因为他们很优秀，能为企业创造更多的效益**。

（2）看似直接培训员工，不需要太多金钱成本，而实际上从隐形的成本来说，整个成本更大了！为什么这么说呢？

①因为在这段时间里，企业不请他们省下的工资费用，相对于请他们创造的利润，实在是微不足道的！

②如果把一个普通员工培训好，即使能胜任了，很可能他们未来还是会要求提薪，或者选择收入更高、发展前景更好的地方。

这和我们做生意追求项目投资回报率是一个道理。他们同样也会追求他们工作的投资回报率高的地方。

如果真的这样，那岂不是更得不偿失？

为什么企业一开始不选择优秀、有能力的员工呢？

一个员工贵不贵，要根据其给企业创造的直接效益或间接效益而定。对公司而言，就是投资该员工的回报——投资回报率。

工资高的员工，如果给企业带来的回报率高，那就不贵；相反，如果一个员工带来的回报率低，即使他的工资很低，也是很贵的员工！！（即：成本高的员工）

要记住：企业的用人成本，是由回报率来计算的！不是用开出工资的多少来衡量的。"

企业的用人成本高不高，
由给企业带来的回报率来计算！

2. 再从时间成本上说

你在培训员工的时候，在这个时间段里，如果你们公司展现的不是最优秀的一面，**那么在这个时间里，行业的竞争对手会不会先抢占商机呢？你可以选择让企业等待员工成长，但市场不可能选择等着你培训好了才开始，你的对手更不可能等你，你在这方面花的成本、代价可能更高！**

3. 精力成本

如果我们雇佣的全部是优秀的员工，我不用再花精力去培训他们。这样领导者可以把更多的精力用在思考公司的战略决策上。

都说一个企业的成败98%在领导者，为什么?"咨询顾问停下来问我。

"一个企业的成败98%在领导者?"我思考着，并注视看着他。

"是的。"他点点头继续说，"因为一个领导者的战略决策，决定着企业未来的发展方向。一个好的战略决策，需要很专注、很用心、很冷静、很全局的思想才行! 而这样的思想，也需要很充分的精力!

我们常常看到：

业绩不好的领导忙得焦头烂额，业绩好的领导看起来很清闲——其实，结果早在一开始就决定了。

好的领导者用更多的精力思考战略决策，然后选择正确的人去执行。他们选用最优秀的人才，并且把他们放在最能体现他们价值的地方。战略的执行力和效果最终由人来决定，所以领导者对人才的选择和安排尤为重要!!"

我点点头，并把咨询顾问说的记录在本子上：

好的领导者用更多的精力思考战略决策，然后选择正确的人去执行。

他们选用最优秀的人才，并且把他们放在最能体现他们价值的地方。战略的执行力和效果，最终由人来决定！

"那花钱在其他方面，比如买办公用品、推广费用等，是不是也是一样？其实重要的不是产品价格，关键是买了以后，可以为企业带回多少利润？"

　　"是的！"咨询顾问频频点头，高兴地说道，"其实所有花钱问题都一样，不管是人花、还是是企业花，不管是花在人上，物上还是事情上，都只用遵循这一条原则：花了以后带回利润，即回报率。

所有花钱问题都一样，不管是人花、还是企业花，不管是花在人上，物上还是事情上。

都只用遵守这一条原则：

花出去，带回更多的利润！

当然这里的回报率，不光是指带来更多的金币，有时可能指带来更多的人脉、更多的知识，或是更多的幸福、更多的健康等等。每个人心中都有一把尺子，到底是否划算？这就靠你自己评估了。

真正的财富

真正的财富，钱只是一小部分，还包括亲情、友情、爱情、事业、健康和人生价值等。

成功人士更看重的是财富，而不只是金钱。相反，当他们越看重财富时，金钱也越来越多了。"

成功人士更看重的是财富，而不只是金钱。相反，当他们越看重财富时，金钱会越来越多了。

短短两个小时的咨询结束了，天色也渐渐暗了下来……

告别咨询顾问，我回到了房间里，望着星空，他的话依旧在我耳旁里回响着："优秀人才""时间成本""精力成本""回报率""领导者""财富"……

我不断琢磨着他的话，深深感受到这次咨询的价值。我很庆幸当初的选择。**花钱买智慧的确非常值得！**

这种选择，不仅使酒店人力投资回报率更高，后来在其他项目的支出上，我也采用了类似的方法，都取得了很好的回报和效果。

　　因深知**智慧的价值**，后来每当酒店碰到棘手的困惑时，我都会向他咨询。**虽然每次咨询费不低，但每次的咨询，都为酒店创造了更多的价值。我喜欢这样的投资回报率。**

智慧的价值

　　每次咨询费不低，但每次咨询后，都创造了更多的价值！这就是智慧的价值！

后来，我想咨询顾问既然这么有智慧，能力强，我何不请他到"皇宫酒店"来呢？带着这样的想法我找到他，并承诺把酒店每月20%的利润作为回报给他。我们谈得非常愉快，他决定加入"皇宫酒店"。

采用利润分享模式，使我们的合作更愉快。咨询顾问从过去的被动帮助，变成了主动思考酒店的大小事务。之前说的"连锁经营"，就是他给我的建议。不仅如此，他还为酒店推荐了很多优秀的人才，这让我们的实力更加强大了。

记得在酒店发展初期，我们遇到了资金问题。我们想发展得更快，可资金不够。他给我们出了一个好主意：找当地最有钱的几个大户融资，然后每月按一定比例分红给他们。因为当时我们的酒店已经**有一定口碑，而且业绩都很好，所以融资进行得很顺利**。这样资金问题就解决了。我们有大资金后，酒店发展得更顺利、更稳定了！资金的支持也为后来的连锁经营，打下了坚实的基础。

切记

　　一定要在有了一定口碑、业绩很好的情形下进行融资，这样才能水到渠成，否则事倍功半。

某天，当我和咨询顾问出来散步，看到街边有些百姓过得很辛苦时，我想我们酒店生意这么好，每个月都有稳定的现金流，不如把每月 10% 的利润分给贫苦的百姓吧！咨询顾问听了以后，很支持我这个想法。不久我们就实施了这个想法，也受到了大家的欢迎！

　　在街上，百姓们只要见到我们"皇宫酒店"的员工，都会特别热情地打招呼。每一个员工也因在"皇宫酒店"工作而自豪！那些有能力的人也更愿意加入我们酒店了！我们的生意越来越好，一切都形成了良性循环，大家的生活也更加开心，更加幸福。

后来，我们的财富也越来越多。我的财富里，不光有金币的数量，我还有更多的朋友，更多的健康，更开心的心情，更舒适的生活……我懂了：为什么成功人士追求财富，因为只有拥有财富的人，才是真正的富人，才是真正的成功人士!!"

把钱花出去，

带回更多的价值!

追求财富

——成为真正的富人!!!

大家听着听着，不禁为小皇子的分析能力、智慧和广纳良才所折服。一旁的大臣们也不禁地点头、称赞。

大家一致认同：这次财商比赛，小皇子获胜!

寻找你的财富因子

会场的灯亮了，大家似乎还沉浸在刚才的故事中，眼睛盯着屏幕，脑海里不断重复着刚才小皇子的话……

"童话中，三个小皇子所处的环境一样，拿到的资源也一样，并且都很用心积累财富，那么是什么决定了最后的结果却不同呢?"滚雪球女孩问道。

王俊站起来说："挣钱的方式!"

滚雪球女孩："是的，他们选用了不同的财富因子创造财富，大皇子选择体力，二皇子选择头脑，三皇子呢?"

王俊想了想，说："经历?"

滚雪球女孩："对! 非常正确。大皇子更像我的长辈，他们那个年代正逢中华人民共和国成立，从战争年代走过来的他们，还没来得及学习，他们中的大部分人只能用体力创造财富。用头脑创造财富的人积累的财富最多，所以，从小父母就教育我们，好好读书，考上大学，以后过上好生活!

可当我们长大，考上大学后，发现身边不仅有很多大学生，还有很多研究生、博士生、博士后……很明显，高学历、高智商的人不再是市场的稀缺。那么，在这个充满智慧的时代里，我们又该如何获得更多财富呢？

我们或许可以考虑，将"经历"作为财富因子创造财富！"

滚雪球女孩边说，边在黑板上画了三个"时间—财富"坐标图。

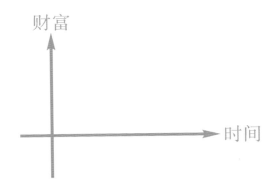

"王俊，你能帮我，在这三个坐标图上，分别画出三个小皇子的财富曲线吗？"

"好的，我试试！"王俊走上讲台，思考着、画着，并在每幅图下加了注解：

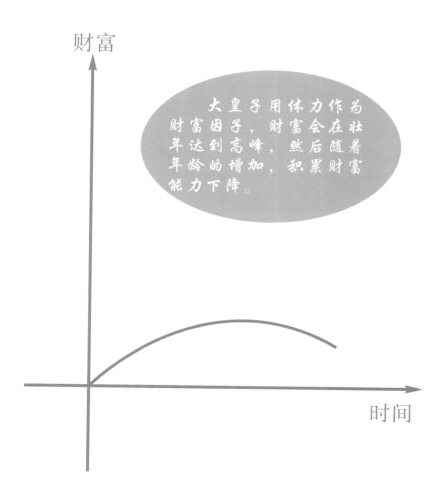

大皇子用体力作为财富因子，财富会在壮年达到高峰，然后随着年龄的增加，积累财富能力下降。

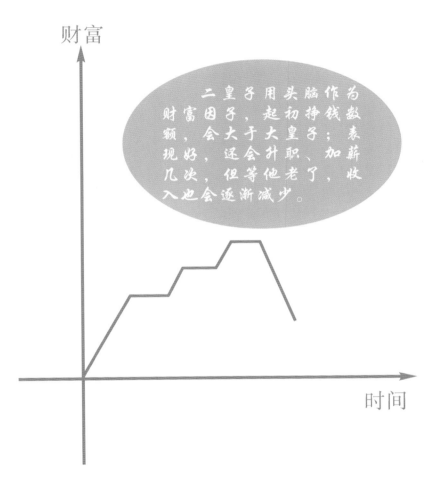

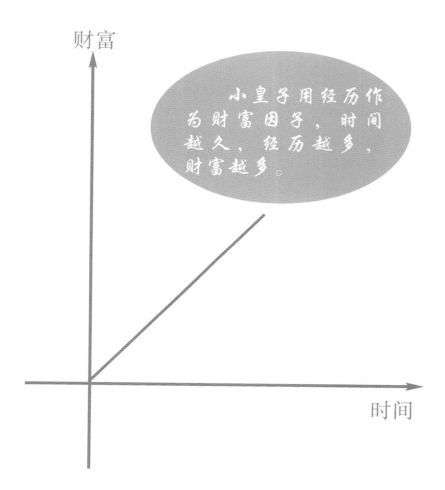

"画得很好，注解得也很好!"大家的掌声随之响起。

滚雪球女孩："如大家看到的图形一样，若仅靠体力、脑力作为财富因子，财富都会在某个峰点下降。

若将"经历"作为财富因子，财富不仅不会因时间的增加而减少，反而会增多!

忽视财富因子中的"经历"，会怎样?

黄小师，太极禅苑的中医艾灸推拿师傅，也是唯一被禅苑特聘指定的技师，常给各界名人做艾灸推拿。

去年，黄小师在工作之余和太太，开了一家中医艾灸推拿馆。可是一年多过去了，顾客却不多，你们知道为什么吗?"

"价格太贵?"金桥回答说。

"那你猜多少钱一次?"

"大几千一次?"

滚雪球女孩,摇摇头。

"一万元一次?"金桥继续猜测,心想肯定是价格太高了。

"一次一百元。"滚雪球女孩回答。

"啊——?!"大家很惊讶又不解地你看看我,我看看你。

滚雪球女孩:"是的,他和太太年龄都不大,也是特别务实的朋友,小小年纪就凭他们的奋斗,在杭州买房落户,现在还有一个可爱的儿子。

因此,初期可以创业的资本金并不多,店面只能简单装饰,基本没有做营销,靠在街上发着宣传单,招揽顾客……你们发现问题了吗?"

杨帆:"他没将他的经历作为财富因子,财富因子中，只用了体力，估计脑力财富因子的作用也没发挥，黄小师基本就是靠体力挣钱。

黄小师的店面是简单装修，仅靠发传单，也只能吸引到喜欢便宜消费的顾客。这些人即使通过初次体验，感受到黄小师高超的技能，也未必舍得长期体验。那些需要推拿按摩的人群，通常是偶尔有痛感才会去消费的，比如我肩膀疼我的朋友们不疼，即使我体验感再好，我的朋友们不疼，也难起到口碑宣传的效应。

艾灸按摩店，现在市面上有很多，同业竞争压力很大的。黄小师愿意从小店面开始踏实创业，这种精神是挺好的。黄小师开店已有一年多了，虽然没什么客人，但他还在坚持，说明他很热爱这项工作。

但他明明有很好的经历，却没有好好利用这个财富因子，感觉挺可惜的！

目前他的确有困境：买了房，家有老人，还有儿子要养。他们可能也想着把店面装修好一点，也想去做营销，趁着年轻多赚点钱，但是可用资金不够啊……滚雪球女孩，如果是你，你会怎样解决目前这种困境呢？"

"杨帆同学，这是要考我呀？"滚雪球女孩笑着问。

"是的！"杨帆笑答着。

"哈哈哈……哈哈哈……"全场都笑了起来。

滚雪球女孩："首先，成功的路上遇到困难时，我通常不会因困难而妥协。

如果因创业资金不足，阻碍了项目的发展，我会去找投资人，而不是对项目妥协。

当然，找投资人会遇到被拒绝，被拒绝不是问题，若因害怕拒绝而放弃，才是问题。

投资人拒绝，有可能是我们的项目不够好，不足以让投资人有信心投资，这时我会就投资人的质疑，进行反省和改进。如果投资人的质疑，是我不认同的，我会再寻找下一位投资人。马云，当年创建阿里巴巴，找投资人时，都被拒绝过30多次。可见有30多人，看走了眼。

关键问题还是项目本身，项目足够好，钱是最容易克服的。当然，我们还需要分享利润，这也是非常重要的。如果项目足够好，分享给投资人的利润比例足够多，有几个人会拒绝投资你呢？"

杨帆："那什么样的项目，足够好呢？"

滚雪球女孩："一方面是产品有市场需要，另一方面就是，你的项目是不是独特？具有独特竞争力的项目，最容易被投资人认同。当然，项目的领导人和团队也至关重要，只是，这不是我们今天要讨论的重点，我们今天着重说财商。"

杨帆："要有具有独特竞争力的项目？"

滚雪球女孩："是的，这就需要我们有发现财富因子的眼光。你需要审视自己、团队和整个项目，有哪些财富因子？我们看到的往往不是全部，有可能还有些更大的财富因子，我们忽略了。

拿黄小师来说，他就是典型的，忽略了最能帮他创造财富，具有独特竞争力的，"经历"财富因子。"

杨帆："如果你是黄小师，你会怎么做呢？"

滚雪球女孩："杨帆，又要来考我呢！"

"哈哈哈……"大家笑了起来。

滚雪球女孩："首先，因为这些经历，我可能去做艾灸推拿培训。合格的优秀学员，可以加入我的创业团队。他们既是团队成员，也是志同道合的人，这样的团队，在技能上我放心。我不在的时候，他们也能代替我。

再就是，我可能去做富太太游学培训课程。她们有时间，有财富，在美丽的大自然中，学习到帮老公、长辈们艾灸、推拿的小技巧，又能社交游玩，丰富生活，这样的项目也应该有前景。

在做好项目品牌塑造后，我可能还会用抖音等热门的社交平台，做一些艾灸推拿的小技巧分享，同时，开发一些普惠大众的产品。比如，艾灸就是一个大家可以在家中，用艾灸盒进行的。虽然效果没有人工好，但同样可以起到健康保健的作用。这个我可以在确保质量的同时，以优惠的价格卖给大家，以做量为主。

当然，这些只是初步构思……"

杨帆："已经很好了。"

"看来，我已经通过了你的考题？"

"哈哈哈，是的！"杨帆笑着说。

滚雪球女孩："那我们接着说，忽视财富因子中的经历，你可能会错过一大笔财富，若将经历作为财富因子，财富不仅不会因时间的增加而减少，反而会增多。

不仅如此，当把"经历"作为财富因子时，有时还会形成'护城河'，保护你的财富之路。因为"经历"的形成需要时间。

这在投资界最为突出，投资"经历"时间越久的基金经理，越能获得市场认同。比如中国基金业，大家熟悉的但斌、林园，他们未必是每年投资业绩第一名，但因长年保持好的盈利，成为基金业大佬。还有股神巴菲特，年纪丝毫没有影响他的财富，反而很多人担心巴菲特退休，影响股价。

除了投资界，其他行业也是一样的，比如大家最近都好奇，我为什么敢在"三只松鼠"大跌时，逆势大额加仓？并且，随后的股价，大幅上涨，获得逆袭大盘的高额回报。

买入的原因是多方面的，其中有一个很重要的原因就是，"三只松鼠"的领导人章燎原。我是做价值投资的，常以买入公司的角度，买股票。所以，我非常在乎一个公司的领导人！

如章燎原对记者说："外界看到的都是"三只松鼠"这两年业绩的爆发式增长，但实际上，我的创业不是从2012年开始，而是从18岁时的梦想开始的。"

章燎原不到20岁，出来"闯江湖"，摆过地摊、开过冷饮店、卖过VCD……前后加起来不下20份工作，这些经历，让他洞悉了社会，明白了消费者的心理，如何做出消费者喜欢的产品。

27 岁到 36 岁，将近 10 年时间，他专心在一家食品企业，从营业员，一直做到总经理。把一个销售额不足 400 万元的小公司，打造成销售额近 2 亿元的品牌。

有了这些经历后，2012 年，他获得 IDG150 万美元天使投资，37 岁的章燎原带着 5 人团队，成立了"三只松鼠"。现在公司电商运营团队 300 多人，平均年龄 23.5 岁。"三只松鼠"连续七年成为淘宝网坚果零食销量第一。

2019 年，中国 A 股上市。目前"三只松鼠"市值超过 300 亿元人民币！

正是因为章燎原，一次次将过去的经历，变成下一份工作的财富因子，才有了几次台阶似的上行。

曾经，你或许没有小皇子一样独特的经历，但现在，我们可以创造经历！

未来，或许你不会像我一样做股票，但你可以像章燎原一样，把未来的每份工作经历，作为下次提升的财富！

好好珍惜时间的经历，寻找你的财富因子，打造专属你的财富之路！"

全场响起热烈、激动的掌声……

成 功——不可缺少的逆商

"看过 CCTV2 采访我的观众，都知道《富爸爸　穷爸爸》这本书对我的投资启蒙影响很大。

很多朋友都非常好奇，这本书从头到尾，并没有讲如何投资股票，因为作者只是房地产投资领域的专家，为何我做股票投资，也会对我影响很大呢？

这本书，影响我最大的有两个方面：

一方面培养了我良好的积极心态。

NO	YES
我可付不起	我怎样才能付得起
遇到问题，习惯顺其自然	总会想办法解决
挣钱要小心，别冒风险	学会管理风险

生活推着我们所有人，有些人放弃了，有些人在抗争。学会了这一课的少数人会进步。

（以上节选自《富爸爸　穷爸爸》）

另一方面锻炼了我的销售能力。这本书告诉我成为投资人的第一步，要从销售锻炼开始，并且做到第一名才能辞职。

说实话，当时我也不知道为什么要从销售做起，只是这本书都这么建议了，那我就执行！

想着一个女孩做销售有优势，我就把头发剪成平头，我想若平头都能销售成功，那我，就真的领悟了作者的真谛呢！

带着这样的决心，我去了一家国际市场调查公司做访问员。这个工作虽不是大家传统上说的销售，但其实也近似销售。需要说服陌生人接受我们的市场调查访问，其实，这并不是件容易的事。

刚开始我常常被人拒绝，也遭遇过关门，甚至轰出去。有段时间我还经常做噩梦、被吓醒！……直到后来，我去书店看到了乔吉拉德的《如何成交》。这本书告诉我，顾客之所以讨厌你，不是真的讨厌你，而是之前有销售员给他们留下了不好的印象。瞬间，我的心结被解开了。后来的我，越来越站在被访者（顾客）的角度来考虑问题，想，他们需要什么？我们的调查（产品）能满足他们什么需求？渐渐地，我的工作越来越顺利，常常成为公司最快完成目标的人。

这种从非常失败到成功的经历，很好地磨炼了我的逆商！

在后来的财富路上，我遇到的挑战和困难，都比做市场调查时大得多，但每次遇到挫折，我都会反省自己，哪里没做好？因为，我知道怨天尤人无用，唯有不断完善自己，才能离成功更近点！

同时，我也明白了，好的销售员不是卖顾客不需要的，而是要先站在客户的角度去想他们想要的是什么。我们的产品能给他们带来什么样的好处？好的销售员，是帮客户解决问题，让客户生活得更好。

当调查访问做得越来越好后，我又学着带领新人做，这样的经历，又一次让我体会到，什么样的管理者是最好的？

在国际市场调查公司，我扎扎实实地锻炼了近两年的时间。当时选择这份工作，是因为这份工作的性质本身，就是给商家提供数据，调查研究消费者对商品的反馈。这样的工作经历，对我后来选股、研究公司、做价值投资，起了非常关键的作用！从那时起，我就长期坚持阅读商业杂志，收看 CCTV2 的节目，这一切都潜移默化地提升了我的商业判断力。

很多人都好奇，为什么会在"三只松鼠"大跌时买入？因为，我对"三只松鼠"这家公司有信心。信心来源于长期培养的商业洞察力，但不建议大家买入，因为大家看到书时的股价和我买入时的股价不同。

犹如游泳，仅从书本上知道如何游，若不下水，又怎能真的学会游泳？股票上的下水，绝不是拿现金下股海，而是置身下商海，才能培养真正的企业判断力。否则，一切都是纸上谈兵。"

钱越花越多的秘密

滚雪球女孩："我妈妈总说：'你怎么又花钱呢，你这样不行，钱要省点着花'，可是多少年过去了，我的钱并没有少，反而更多了，而我妈还是一贯节省，财富却没有明显增长，知道原因吗？"

大家疑惑地看着，想着。

滚雪球女孩拿起身上挂的卡包："举例来说，你们看到的这个卡包。

因做投资的原因，需要经常外出考察，现在交通便利，几个小时就能抵达一个城市。当外出成为一种生活方式后，你会越来越不想拿行李了，可外出时身份证是必需品，每次为了放身份证，就必须背上一个包。

在陆家嘴的一次展会上，我发现了这款卡包，非常符合我的需求，直接挂在身上，搭配衣服成了点缀，而且显时尚。从卡包设计上，可看出设计师们是非常花心思的，只是价格也不便宜，做活动打折，也要600多元。

设计师说之所以价格不便宜，因为她们非常在乎产品的品质，好的皮具可以用上十几年，随着大家使用的不同，皮具会呈现不同的纹路，多年后是一种岁月、一种经历的纪念。这也是促使她做皮具设计师的原因。这段话打动了我！

后来，我认真算了一下，其实不贵，我一年最少外出10次，用一年，平均一次60元，若用10年，平均一次6元，而商家会提供长期维修服务。一次6元，让自己方便且时尚、很划算。况且，很可能会超过10年。因为我也想让这个卡包，留下我拼搏经历的纪念。

而且若平常乘地铁也用，使用次数会更多，这样就更便宜啦！可能，最后算下来，平均一次才一分钱。这样就更加划算呢！

这就是我们刚刚童话里说的：

商品的
真正价格 ＝成交价÷使用次数

那么，请问还有没有什么办法，让这个卡包更划

算？"

大家开始思考——

滚雪球女孩："我找到了这个卡包的设计师，告诉他们我会以这个卡包作为案例，出现在我的财商书中，他们非常高兴，并表示会帮我宣传这本书。

　　那么，请问这个卡包，我花钱了吗?"

　　全场掌声响起来……

滚雪球女孩："现在，大家手上都有这本《青春　缺了一堂财商课》。

如果你看完，就放一边了，那么，你一定买了最贵的一本书！如果你看完，吸收并开启了你的财商思维，那么，这本书不仅没花钱，还会让你创造更多的财富！

会场的屏幕上显示着，大大的 5 个字：

不花钱买书

主持人："不花钱买书，大家能做到吗？"

"能！！！"大家不约而同地回答到。

伴随着大家的回答，会场里音乐响起，那首熟悉的歌《和你一样》：

"我和你一样，一样的坚强，一样的全力以赴追逐我的梦想！

哪怕会受伤，哪怕有风浪，风雨之后才会有迷人芬芳！

我和你一样，一样的善良，一样为需要的人打造一个天堂，

歌声是翅膀，唱出了希望，所有的付出只因爱的力量。

和你一样……"

附录:财务自由的生活

2017 年，因对太极的好奇，我来到杭州"太极禅苑"，静心学习了一年的太极拳，认识了很多朋友，并在学习中顿悟了太极智慧。

115

感谢陈伟(《这就是马云》作者)颁发太极拳结业证书。

与同学们一起登山，打太极。

感谢师兄、师姐的推荐：

　　师姐说：本书内容挺好。目前，学校多以学科教育为主，很少有教授学生如何提高财商思维的课。很多年轻人离开学校走入社会，不知道如何驾驭金钱，成为月光族。这本书用轻松的语言，告诉年轻人如何认识财富，运用好财富，使生活过得更美好。非常合适青少年阅读，开启他们的财商思维！

　　师兄说：师妹以她自身的经历写了这本财商入门读本。虽没有高深的理论，但引人入胜。通过案例分析能更好地启发青少年的财商思维，值得一读！

　　2018 年，出于对太极智慧的浓厚兴趣，我又参加了太极禅的文化课程。

　　感谢同学们的信任和杨院长的支持，选举我为"太极禅学堂"的副班长。

这是去台湾时，在台北，与同学们一起表演太极拳节目。

　　参加壹基金的慈善活动。

 **后 记**

　　一本书终于完成了！感谢大家的一路支持和关爱！

　　感谢武汉大学出版社的编辑老师们，助力出版发行了《青春　缺了一堂财商课》这本书。也谢谢朱总（朱孝安，北京大学《资本与民富》课题组组长）推荐的武汉大学出版社。

　　还要感谢众多新浪网友以及黄雅珊、马宏、李天金、宋婷、左一鸣、张郑、丁帆、付小婧、陈乃华、吴静、杨仕平、张兆旺、李顺、刘斌、夏金桥、毕红梅、曹雄、黄金明、邓华军、郑凯阳、一见、杨帆、蔡葵、李海斌、符忠民、陈琼、顾智义等众多好朋友的推荐和帮助。还有感谢武汉二中的左老师（左金平）和陈老师（陈建东）。正是有了大家的支持和鼓励，才有了这本书的出版，谢谢你们！

我还要感谢 Phil 连夜将全书翻译成英文版，送给了《富爸爸 穷爸爸》的作者罗伯特·清崎。

　　感谢 CCTV2，让我这样一个平凡的女孩，学到了许多丰富的财经知识，实现了财务自由，可以朝着梦想前进。

　　最后，我要感谢家人们对我的教育培养，没有你们的付出，就没有现在的我。

　　衷心感谢这本书所有的读者，期待这本书能提升你们的财商思维！